Muslim Omoleke

Os desafios da aquisição e utilização de tecnologias

Muslim Omoleke

Os desafios da aquisição e utilização de tecnologias

na realização de eleições na Nigéria

ScienciaScripts

Imprint

Any brand names and product names mentioned in this book are subject to trademark, brand or patent protection and are trademarks or registered trademarks of their respective holders. The use of brand names, product names, common names, trade names, product descriptions etc. even without a particular marking in this work is in no way to be construed to mean that such names may be regarded as unrestricted in respect of trademark and brand protection legislation and could thus be used by anyone.

Cover image: www.ingimage.com

This book is a translation from the original published under ISBN 978-620-2-06805-5.

Publisher:
Sciencia Scripts
is a trademark of
Dodo Books Indian Ocean Ltd. and OmniScriptum S.R.L publishing group

120 High Road, East Finchley, London, N2 9ED, United Kingdom
Str. Armeneasca 28/1, office 1, Chisinau MD-2012, Republic of Moldova, Europe
Printed at: see last page
ISBN: 978-620-7-94684-6

ÍNDICE DE CONTEÚDOS

Resumo

Este documento examinou a aquisição e a aplicação da tecnologia na realização de eleições na Nigéria. Além disso, analisou os desafios e problemas decorrentes desta inovação tecnológica e uma solução.

O estudo utilizou fontes primárias e secundárias para obter dados dos inquiridos, que incluem os funcionários eleitorais, os eleitorados e os líderes dos partidos que foram selecionados aleatoriamente. Os dados recolhidos foram analisados com recurso a estatísticas descritivas e inferenciais.

Os resultados revelaram que a aquisição e a utilização de instrumentos tecnológicos podem aumentar a credibilidade dos resultados eleitorais e a aceitação popular. Por exemplo, 96,3% dos inquiridos dos Estados de Oyo, Ekiti e Osun do INEC eram de opinião que a tecnologia moderna contribui para a credibilidade dos resultados eleitorais. No entanto, os resultados revelaram que, embora a aplicação de tecnologias relevantes aumente a credibilidade das eleições, existem desafios e problemas associados à sua aplicação, tais como problemas de rede, formação inadequada, sistema de base de dados deficiente, testes de campo inadequados, competências insuficientes para manusear o sistema, desafios ambientais como o tempo quente, questões culturais, não aceitação da tecnologia, falha do sistema, problemas de eletricidade e muitos outros.

O documento concluiu que a tecnologia é um dispositivo importante, capaz de ajudar a Comissão a alcançar a sua visão e missão. No entanto, estas tecnologias não estão isentas de numerosas dificuldades no processo de aquisição e de aplicação.

Palavras-chave: Aquisição, Implementação, Tecnologia, Comissão Eleitoral Nacional Independente, Realização de Eleições e Sistema Eleitoral

Lista de abreviaturas

ACE	-	Administration of Cost and Election
All FWLR	-	All Federation Weekly Law Report
CM	-	Condition Monitoring
CVR	-	Continuous Voters Registration
DDCM	-	Direct Data Capture Machine
EMBs	-	Election Management Bodies
EOSC	-	Electoral Operation Support Centre
ERMT	-	Electoral Risk Management Tool
ICT	-	Information Communication Technology
INEC	-	Independent National Electoral Commission
LGAs	-	Local Government Areas
NOA	-	National Orientation Agency
OMR	-	Optical Mark Recording
PVC	-	Permanent Voters Card
SAM	-	Security Access Module
SCR	-	Smart Card Reader
VIN	-	Voters Identification Number

1 Introdução

A administração pública em linha diz respeito à tomada de decisões democráticas utilizando tecnologias como a votação, a coligação e a transmissão electrónicas para reforçar a legitimidade do Estado e a sua relação com os cidadãos, orientada pelo Estado de direito Brown, (2005). A qualidade da governação tem sido melhorada ao longo dos anos devido a muitos factores, entre os quais a revolução nas TIC é fundamental. Várias outras democracias aproveitaram desde então a plataforma das tecnologias da informação e da comunicação no processo eleitoral.

Tecnologias como o leitor de cartões inteligentes (SCR), as máquinas de voto, os dispositivos de recolha eletrónica e muitas outras têm sido utilizadas na maioria dos países desenvolvidos e em desenvolvimento, como os EUA, o Japão, a Estónia, o Brasil, a Índia, a Alemanha, entre outros, para realizar eleições. Atualmente, trinta e um países em todo o mundo estão a utilizar várias tecnologias para realizar eleições. No entanto, países como o Quénia e os EUA sofreram o que se designa por "colapso tecnológico" durante a utilização da tecnologia. A política em matéria de TIC para a boa governação e as eleições na Nigéria, tal como enunciada pelo Ministério Federal da Ciência e da Tecnologia, visa que o país se torne uma sociedade orientada para a tecnologia, em que as TIC e outras tecnologias sejam utilizadas para melhorar a credibilidade das eleições, aprofundar a democracia e assegurar a boa governação.

Do mesmo modo, o atual órgão de gestão eleitoral na Nigéria, a Comissão Eleitoral Nacional Independente, tem uma política de utilização das TIC para promover a credibilidade das eleições no país. Este facto é evidenciado pelos vários esforços dos órgãos de gestão eleitoral passados e presentes para utilizar as TIC na realização de eleições. A visão do INEC é ser um dos melhores organismos de gestão eleitoral do mundo, enquanto a sua missão é servir como um organismo de gestão eleitoral independente e eficaz, empenhado na realização de eleições livres, justas e credíveis para o desenvolvimento sustentável da democracia no país. As tecnologias podem, sem dúvida, desempenhar um papel importante na concretização da visão e da missão da comissão.

A introdução das TIC na realização de eleições está a gerar interesse e preocupação entre os eleitores e os profissionais de todo o mundo. Atualmente, a maioria dos organismos de gestão eleitoral (OGE) em todo o mundo, incluindo a Nigéria, utiliza novas tecnologias com o objetivo de melhorar o processo eleitoral. Estas tecnologias vão desde as mais simples, como o processamento de texto, até às mais sofisticadas, como a digitalização ótica e o sistema de informação geográfica, para mencionar apenas algumas. É um facto que as tecnologias simplificam o processo envolvido na realização de eleições, tais como a contagem, o apuramento, a colação, etc. No entanto, é pertinente notar que estas tecnologias não são absolutas em termos de resolução dos principais problemas relativos às eleições. É a este respeito que se coloca a tónica na mentalidade das partes interessadas na aplicação destas tecnologias, uma vez que existem muitas experiências em todo o mundo. Na Nigéria, por exemplo, apesar de todos os esforços envidados pelo órgão de gestão eleitoral (administração Jega) para simplificar a realização de eleições através de tecnologias inovadoras, algumas pessoas tentaram frustrar esse esforço, como se pode ver pela destruição violenta de leitores de cartões. Estes leitores de cartões destinavam-se à acreditação durante as eleições gerais de 2015 e as eleições intercalares recentemente realizadas em Rivers, Kogi e noutros estados onde se realizaram novas eleições.

Finalmente, uma análise crítica da revisão da literatura sobre tecnologia e processo eleitoral revela que muito tem sido feito sobre o impacto das tecnologias no processo eleitoral, com pouca ênfase nos desafios envolvidos. É esta lacuna que inspira o presente documento a fazer uma análise superficial dos desafios destas tecnologias.

1.1 Objectivos do estudo

Para o efeito, os objectivos do documento são os seguintes

(a) identificar as várias tecnologias utilizadas pela Comissão Eleitoral Nacional Independente desde o início da digitalização do processo eleitoral em 2002;

(b) avaliar a sua eficácia na condução das eleições na Nigéria; e

(c) examinar os principais desafios destas tecnologias.

2 Revisão da literatura

Para recordar o que aconteceu noutras partes do mundo e as eleições na Nigéria, tencionamos fazer uma breve revisão da literatura para identificar os pontos fracos, os efeitos, os desafios e as perspectivas das TIC que o presente documento pretende preencher.

2.1 Processo de democratização, realização de eleições e tecnologia

A democracia é um conceito popular nas ciências sociais e, tal como outros conceitos das ciências sociais, desafia uma definição universalmente aceite. No entanto, a palavra democracia, tal como é utilizada nas expressões académicas, vem da palavra grega demokratia e significa literalmente "governo do povo", Noah (2006). Também deriva do grego demos "povo" e "governo", Oche (2004). Birch (1993) acredita que o governo democrático teve origem nas cidades-estado gregas, onde os valores ou ideais democráticos começaram e foram transferidos para outras sociedades. No entanto, é um facto estabelecido que a perceção grega da democracia não está em consonância com a perceção moderna do conceito de democracia. A última restringe a democracia a um pequeno grupo de pessoas que participam na democracia, enquanto a democracia moderna considera a regra da maioria e o governo representativo como os principais ingredientes do conceito.

Este conceito de democracia moderna foi utilizado no século XIX para designar um sistema de governo em que as pessoas são eleitas para cargos públicos através de um processo competitivo. A democracia dos tempos modernos foi instituída na Grã-Bretanha e na América e é esta visão da democracia que se presume que a Nigéria esteja envolvida até hoje. Consequentemente, este tipo de democracia tem elementos básicos, que incluem: eleições periódicas, garantia dos direitos humanos fundamentais; existência de uma escolha alternativa de partidos e candidatos durante a eleição de representantes por maioria de votos; adesão ao Estado de direito e separação de poderes, Noah (2004). Tendo em conta as exposições anteriores, o conceito de democracia moderna implica que a eleição para os cargos deve ser livre, justa e credível. Qualquer ato que não garanta isto equivale a fraude eleitoral ou má prática, e tal deve ser condenado por uma sociedade civilizada. Consequentemente, a tecnologia é um instrumento fundamental para atingir este objetivo.

Por outro lado, o processo de democratização significa um procedimento legal ou regras e regulamentos estabelecidos que uma nação que pretenda praticar a democracia deve respeitar Omoleke e Olaiya (2015). A maioria destas regras e regulamentos está incorporada na Constituição, na Lei Eleitoral e nas diretrizes. O que nos preocupa muito é saber se estes procedimentos são seguidos na realização de eleições no país.

Historicamente, a credibilidade das eleições na Nigéria desde a era colonial tem sido objeto de controvérsia. A partir das eleições de 1959, foram observadas muitas fraudes sistemáticas Michael, *et al*, (2015). Em 1979, por exemplo, a questão da crise dos 2/3 tornou-se uma questão importante, enquanto o registo dos eleitores foi acompanhado de muitos números questionáveis.

Kurfi (2005:97) classificou as eleições de 1983 como sendo as piores da Nigéria. Segundo ele, as eleições testemunharam todas as formas de estratégias e estratagemas numa tentativa frenética dos partidos da oposição de manter o poder ou melhorar o seu desempenho em relação aos outros partidos. O NPN, no poder, utilizou a influência federal para afastar os governadores dos Estados de Anambra, Bornu, Oyo, Kaduna e Gongola. Aturu (2000:36) também corroborou o que precede, afirmando que "as eleições de 1983 ocupam um lugar especial na história da fraude eleitoral na Nigéria". A fraude competitiva atingiu o seu nível mais elevado. Garta (2005) também descreveu as eleições de 1999 como estando repletas de irregularidades. Essas irregularidades incluem: falsificação de resultados, intimidação do partido da oposição nas unidades de voto, privação do direito de voto a eleitores qualificados, abuso de poderes de incumbência, suborno de eleitores e funcionários eleitorais, enchimento de urnas, roubo de material eleitoral, entre outros delitos eleitorais. As eleições de 2003 e 2007 não ficaram de fora das actividades fraudulentas de alguns intervenientes no processo eleitoral. Foi neste contexto que a comissão, sob a direção do Dr. Abel Guobadia (já falecido), encomendou a digitalização dos cadernos eleitorais em 2002. A este exercício seguiu-se a introdução da Máquina de Captura Direta de Dados (DDCM) e do leitor de cartões inteligentes pela administração de Jega, já falecida.

Além disso, é importante notar que os diretores dos vários organismos de gestão eleitoral do país fizeram várias tentativas para garantir eleições livres e justas. Parte dos esforços consistiu em introduzir algumas tecnologias que poderiam minimizar a fraude nas eleições. Infelizmente, algumas destas tecnologias não estavam isentas de desafios.

3   Metodologia

Num esforço para procurar os desafios da aquisição e emprego de tecnologias na realização de eleições na Nigéria, o autor baseou-se em fontes de dados primárias e secundárias. Os dados primários foram recolhidos através da utilização de um questionário administrado a trinta (30) funcionários selecionados propositadamente para o estudo nos Estados de Oyo, Osun e Ekiti. Foi também realizada uma discussão em grupo com pessoal selecionado do departamento de TIC da comissão nos estados selecionados. Os dados secundários foram obtidos a partir de relatórios anuais sobre actividades eleitorais, da Constituição da República Federal da Nigéria (1999), da Lei Eleitoral de 2010, tal como alterada, de decisões dos tribunais e de outros documentos relevantes.

4 Definição concetual dos termos

Para efeitos do presente documento, foram definidos os seguintes termos.

4.1.1 Tecnologia:

Drucker (1970) classificou a tecnologia como um recurso especial, uma estratégia importante para a exploração dos recursos nacionais e um agente de mudança social e económica.

Franklin (1989) definiu a tecnologia como prática, a forma como fazemos as coisas por cá. Do mesmo modo, o termo "tecnologia" é utilizado maioritariamente em três contextos diferentes, quando se refere a uma ferramenta (ou máquina); uma técnica; a força cultural; ou uma combinação dos três. A tecnologia pode ser definida de forma mais ampla como as entidades, tanto materiais como imateriais, criadas pela aplicação de esforços mentais e físicos com o objetivo de alcançar alguns valores. Nesta utilização, a tecnologia refere-se a ferramentas e máquinas que podem ser utilizadas para resolver problemas do mundo real. Trata-se de um termo abrangente que pode incluir ferramentas simples, como um pé de cabra ou uma colher de pau, ou máquinas mais complexas, como uma estação espacial ou um acelerador de partículas. As ferramentas e as máquinas não precisam de ser materiais. A tecnologia virtual, como o software de computador, é abrangida por esta definição de tecnologia. A palavra "tecnologia" também pode ser utilizada para designar um conjunto de técnicas. Neste contexto, é o estado atual dos conhecimentos da humanidade sobre a forma de combinar recursos para produzir os produtos desejados, resolver problemas, satisfazer necessidades ou desejos. Inclui métodos técnicos, competências, processos, técnicas, ferramentas e matérias-primas. A tecnologia é um conceito amplo que trata da utilização e do conhecimento humano de ferramentas e ofícios, e da forma como afecta a capacidade humana de controlar e adaptar-se ao seu ambiente.

Grubler (2004) definiu a tecnologia como aquilo que permite ao ser humano alargar as suas capacidades e realizar tarefas que não poderia efetuar de outra forma. Na sua opinião, Borgmann (2006) é mais específico quanto à natureza destas tarefas, definindo a tecnologia como o conhecimento combinado com os meios adequados para transformar materiais, portadores de energia ou outro tipo de informação de uma forma menos desejável para outra mais desejável. A tecnologia pode também referir-se a objectos de uso humano, como máquinas, hardware ou utensílios, mas pode também abranger temas mais amplos, incluindo sistemas, métodos ou organização e técnicas. O dicionário Webster definiu o termo como "a aplicação prática do conhecimento numa determinada área" e "uma capacidade dada pela aplicação prática do conhecimento".

Ilori (2006) descreveu a tecnologia como um conhecimento sistemático para o fabrico de um produto, para a aplicação de um processo ou para a prestação de um serviço, incluindo quaisquer técnicas integradas, associadas, de gestão e de marketing. No contexto do presente documento, a tecnologia significa ferramentas, máquinas, processos, técnicas, software e hardware, que podem aumentar a credibilidade e a aceitabilidade das eleições.

4.1.2 Aquisição de tecnologias

A aquisição de tecnologia e conhecimentos envolve a compra de conhecimentos e tecnologia externos, com ou sem cooperação ativa com a fonte.

4.1.2.1 Razões para a aquisição

A razão mais óbvia para a aquisição de tecnologia é a melhoria da eficiência ou da eficácia. A importância da moral ou o desejo de fazer com que os funcionários se sintam melhor, necessários ou desejados é outra razão para a aquisição de tecnologia - inovação global e aliança tecnológica. Pode até haver uma motivação política por trás da introdução de novas tecnologias. No contexto do presente documento, a aquisição tecnológica resulta da necessidade de melhorar a condução das eleições, simplificando a acreditação, o apuramento dos resultados, a votação e a colação, bem como a acreditação e a votação. A introdução de novas tecnologias melhorará em grande medida a integridade do desenrolar das eleições. É importante, neste momento, identificar as tecnologias utilizadas no INEC desde a sua criação.

5 Implantação de tecnologia no INEC

5.1 Identificação das tecnologias utilizadas até às eleições gerais de 2015

As TIC têm sido descritas como um instrumento necessário capaz de aumentar a credibilidade do processo eleitoral. A qualidade da governação tem sido melhorada ao longo dos anos em resultado de muitos factores, entre os quais a utilização das TIC no processo eleitoral. As experiências desagradáveis dos órgãos eleitorais na Nigéria nas últimas quatro ou cinco décadas no que respeita à credibilidade das eleições foram uma das razões que tornaram necessária a defesa da aplicação das tecnologias na gestão do processo eleitoral. O desvio incessante de boletins de voto e a manipulação de boletins de resultados por bandidos em algumas das eleições realizadas antes de 2011 foram algumas das razões responsáveis pela utilização de tecnologias nos últimos tempos para a realização de eleições na Nigéria.

5.1.1 Cédula de papel: As eleições por boletim de voto em papel apresentam desafios logísticos e administrativos, que culminam na dificuldade de escalonamento, em repetições com custos crescentes, na lentidão do apuramento, na sujeição a erros de interpretação e de contagem dos boletins de voto e na possibilidade de coação e compra de votos Shaws (2004). Foi inequivocamente afirmado que todas as formas de voto em papel que foram concebidas podem ser e têm sido manipuladas com uma facilidade considerável - Shaws (2004).

Historicamente, a utilização de tecnologia automatizada na realização de eleições pelos OGE na Nigéria começou em 2002. A tecnologia pode ser classificada em duas categorias;

(i)   Tecnologias para o registo de eleitores

(ii)   Tecnologias de votação e de cotejo

5.1.2 Tecnologias para o registo dos eleitores: Antes de 2002, o método manual de compilação dos cadernos eleitorais estava na ordem do dia. Confrontada com os desafios críticos de possíveis manipulações, tais como registos de menores de idade e duplicados, a comissão decidiu introduzir tecnologias como o reconhecimento ótico de marcas (OMR) para compilar os cadernos eleitorais, de modo a aumentar a credibilidade das eleições. No entanto, a tecnologia OMR, que tem como caraterísticas a digitalização, a conversão em formato digital e o armazenamento na base de dados, tornou-se obsoleta com a chegada de uma tecnologia mais sofisticada denominada Diret Data Capture Machine (DDCM).

O DDCM, que inclui componentes como um computador portátil, uma câmara, uma impressora, um concentrador USB e um scanner, foi introduzido para calcular os nomes dos eleitores elegíveis em 2006 e utilizado em 2010 e 2014 para o Registo Contínuo de Eleitores (CVR). Esta tecnologia trouxe uma melhoria notável à realização das eleições em 2007 e 2011, embora tenha enfrentado numerosos desafios que serão destacados ao longo deste documento. A tecnologia também produziu cartões permanentes para os eleitores.

5.1.3 Tecnologias de votação

As actividades envolvidas na votação podem ser divididas em: acreditação, votação, apuramento, transmissão e declaração de resultados.

Acreditação

Desde a criação do órgão eleitoral na Nigéria, o processo de acreditação era manual. No entanto, a acreditação dos eleitores foi melhorada com a introdução dos leitores de cartões inteligentes (SCR) nas eleições de 2015.

O leitor de cartões inteligentes é um dispositivo tecnológico, criado para autenticar e verificar o cartão de eleitor permanente (PVC) emitido pelo INEC. O dispositivo utiliza uma tecnologia criptográfica que tem um consumo de energia ultra-baixo com uma frequência de núcleo único de 1,2 GHz e um sistema operativo Android 4.22 (INEC, 2015). Por outras palavras, o leitor de cartões foi concebido para ler a informação contida no chip incorporado no cartão de eleitor permanente e também para efetuar uma verificação dos eleitores pretendentes, fazendo corresponder a biometria dos eleitores com a que está armazenada no cartão PVC Engineering Network Team (2015). O leitor de cartões também:

(1)   compara a face do titular do cartão com a imagem apresentada no SCR aquando da leitura do PVC;

(2)   determina se o PVC é original; e

(3)   compara a impressão digital armazenada no cartão com a que foi fisicamente apresentada e digitalizada pelo SCR.

Depois de o PVC ter sido lido e acreditado pelo SCR, o número de identificação do eleitor (VIN) é armazenado no leitor e deixa de ser possível a acreditação desse VIN nesse leitor específico. A utilização do PVC e do SCR deu muita credibilidade às eleições gerais de 2015, mas o acórdão do Supremo Tribunal em 2016 pôs em causa a utilização do SCR para a acreditação das eleições de 2015.

5.1.4 Tecnologias de votação: A utilização da votação eletrónica é proibida pela secção 52(1)(b) da Lei Eleitoral de 2010, tal como alterada. No entanto, a colação eletrónica foi testada em várias eleições parciais e provou ser eficaz (INEC, 2015). Trata-se de uma plataforma robusta e bem protegida que recolhe dados das unidades de voto e compila os resultados até ao nível exigido para qualquer eleição. O sistema foi utilizado nas eleições para o governo dos Estados de Kogi, Bayelsa e River.

5.1.5 Tecnologias de e-collation, e-trac, EOSC, ERMT: Para além das tecnologias de acreditação e registo de eleitores, a Comissão também lançou algumas tecnologias inovadoras, como o e-trac, e-collation, ERMT (Electoral Risk Management Tool) e EOSC (Electoral Operation Support Centre). O sistema e-trac é uma plataforma que utiliza as TIC para monitorizar os resultados desde as unidades de votação até ao centro de apuramento final, digitalizando os resultados ao nível do círculo eleitoral. O principal desafio é o problema da rede. Do mesmo modo, a ferramenta de gestão dos riscos eleitorais tem a responsabilidade de efetuar um levantamento das circunscrições e unidades eleitorais com vista a identificar as zonas de risco. A ferramenta destina-se a reforçar a capacidade dos utilizadores para compreender os factores de risco eleitoral, recolher e analisar dados, conceber estratégias de prevenção e atenuação e registar os resultados das eleições. Os principais desafios são o financiamento e os recursos humanos. Além disso, a Comissão também criou o conceito de Centro de Apoio às Operações Eleitorais, que tem a responsabilidade de controlar a distribuição de materiais, bem como a logística e a segurança, desde a véspera das eleições até à declaração dos resultados. Os principais desafios são os problemas de rede e a relutância de alguns funcionários em divulgar informações em alguns casos. Por último, a colação eletrónica é uma tecnologia introduzida pelo INEC, com o objetivo de coligir os resultados a nível das circunscrições eleitorais, das áreas governamentais locais e dos círculos eleitorais. Os resultados são coligidos unidade de voto a unidade de voto. Tendo identificado algumas destas tecnologias, é pertinente considerar a gestão das tecnologias para a administração eleitoral.

6 Tecnologias de gestão para a administração eleitoral

Comer *et al.*, (2003) afirmaram que a tecnologia é um dos recursos mais importantes de uma organização. Por conseguinte, tem de ser gerida adequadamente para evitar desilusões e atingir os objectivos organizacionais. Consequentemente, a Administração de Custos e Eleições (ACE) sugeriu os seguintes passos na gestão da tecnologia para a administração eleitoral:

i. Realizar estudos pormenorizados de avaliação das necessidades para identificar o ambiente, a regulamentação, os procedimentos e as tarefas necessários;

ii. Preparar um plano de negócios com uma estimativa de custos e uma análise de benefícios/riscos;

iii. Garantir o financiamento necessário para adquirir e manter a tecnologia escolhida;

iv. Obter pessoal adequado com peritos técnicos;

v. Assegurar o transporte, o armazenamento e a distribuição do equipamento, se for caso disso;

vi. Assegurar procedimentos de ensaio adequados antes da adoção de qualquer tecnologia;

vii. Aplicar procedimentos de segurança adequados;

viii. Criar um plano de formação para o pessoal e para os utilizadores;

ix. Assegurar a existência de procedimentos de manutenção e de salvaguarda adequados;

x. Dar aos utilizadores acesso a um serviço de assistência; e

xi. Preparar planos e procedimentos de substituição adequados para o equipamento que se tornará obsoleto.

xii. Manutenção das tecnologias

Michael et al., (2009) observaram que a determinação da abordagem de manutenção correta para vários activos pode ajudar a otimizar a vida útil de um ativo. Existem vários tipos de estratégias de manutenção, tais como preventiva, corretiva/avaria, preditiva, centro de fiabilidade e estratégias de manutenção produtiva total. A estratégia preventiva é definida por Frazier et al. (2004) como o programa de acções de manutenção planeadas que visam a prevenção de avarias e falhas dos bens. O programa de manutenção ideal evitaria todas as falhas importantes do sistema antes de estas ocorrerem. Envolve actividades de manutenção planeadas e detalhadas numa base periódica, geralmente mensal, trimestral, semestral ou anual. A estratégia de manutenção corretiva/de avaria refere-se a todas as acções necessárias para repor um sistema defeituoso em condições de funcionamento - Frazier *et al.* (2004). Estas acções incluem a substituição e a reparação de equipamento. Da mesma forma, Michael *et al.* (2009) referiram que a manutenção preditiva e a manutenção baseada no estado são sinónimos. Um programa de manutenção baseado nas condições avalia as máquinas através de instrumentação, periódica ou continuamente, para determinar o seu estado, normalmente através de um programa de monitorização das condições (CM). O INEC poderá adotar estratégias de manutenção preventiva, corretiva/avaria e preditiva. Esta e outras estratégias de manutenção poderiam ser muito úteis para evitar a avaria total das tecnologias já adquiridas para as actividades eleitorais no país.

xiii. Abordagem das questões de segurança com tecnologia para actividades eleitorais

Embora a Comissão não tenha adotado um sistema de votação eletrónica, algumas das tecnologias já utilizadas, como o e-trac e a colação eletrónica, são vulneráveis a questões de segurança. Por conseguinte, Heathcote (2000) identificou as principais ameaças que podem afetar a tecnologia eleitoral e sugeriu uma solução. Para evitar ou minimizar a perda total de dados, a pirataria informática e outros perigos possíveis no processo de aplicação da tecnologia, a ACE Electoral Knowledge Network sugeriu o seguinte

(i)   Restrições físicas ao edifício onde os dados e sistemas estão instalados;

(ii)   Incentivar os empregados a ligarem-se com uma identidade de utilizador e uma palavra-passe que lhes sejam pessoalmente conhecidas e que devam ser alteradas com frequência;

(iii)   Restringir o tempo e o local em que os terminais podem ser utilizados;

(iv)   Pode ser instalado um software especial num sistema informático, que manterá um registo de auditoria de quem iniciou a sessão, a partir de que terminal e durante quanto tempo. Isto permitirá detetar qualquer atividade invulgar e efetuar investigações;

(v)   Os dados podem ser encriptados antes de serem transmitidos para os tornar ilegíveis. São depois desencriptados na extremidade recorrente;

(vi)   Formação constante do pessoal para garantir a eficiência na utilização do sistema;

(vii)   Verificação cuidadosa do pessoal para garantir que não são contratados potenciais piratas informáticos e autores de fraudes; e

(viii) Instalação de verificadores de vírus em todas as redes.

Uma vez identificadas as medidas a adotar na gestão das tecnologias, passamos agora a discutir os vários desafios com que estas tecnologias se podem confrontar.

7 Desafios das tecnologias implantadas desde a independência

Foi estabelecido que as tecnologias têm desempenhado um papel eficaz nos processos eleitorais nos países desenvolvidos, no entanto, estas tecnologias não foram implantadas sem dificuldades que vão desde os problemas socioeconómicos, políticos e culturais na Nigéria e noutros países em desenvolvimento. Maiye e McGrath (2008) referiram que as diferenças no ambiente contextual e nos antecedentes socioeconómicos e políticos podem ser responsáveis pelas diferenças na eficácia da aplicação das tecnologias em vários países. Apresentam-se de seguida os principais desafios destas tecnologias na Nigéria.

7.1 Desafios do voto em papel

A utilização do boletim de voto em papel como tecnologia para a realização de eleições na Nigéria coloca alguns desafios. Um desses desafios é o terreno topográfico difícil de algumas comunidades Le Van & Ukata, (2012), o que torna muito difícil a distribuição efectiva dos materiais eleitorais. Os nigerianos que vivem no estrangeiro não podem exercer o seu direito de voto. Os agentes de segurança e os funcionários das assembleias de voto destacados para as unidades de votação têm, normalmente, grande dificuldade, se não mesmo impossibilidade, de votar durante as eleições Adebowale, (2014). No sistema de boletins de voto, os funcionários eleitorais coligem, contam e anunciam os resultados das eleições manualmente. Por conseguinte, o método é suscetível de erro humano e de manipulação deliberada por funcionários eleitorais com motivos corruptos e intenção de manipular as eleições. Estas circunstâncias, entre outras, inspiraram a exploração de métodos eleitorais robustos através da utilização das TIC Adewumi, Oluwatosin e Bashorun (2011).

7.2 Desafios das tecnologias recentemente adquiridas

A começar pelo registo dos eleitores, a experiência dos funcionários do INEC não foi agradável. Avarias constantes e insuficiência da Máquina de Captura Direta de Dados (DDCM) para fazer face ao elevado número de inscritos em algumas unidades de voto, incapacidade dos scanners para ler dados biométricos, insuficiência de consumíveis como papel A4, laminado a frio, infidelidade por parte do pessoal ad hoc que se envolve em registos múltiplos e atitudes pouco cooperantes dos políticos, foram alguns dos principais desafios técnicos encontrados pelo INEC durante o registo eletrónico em 2006 e 2010. No entanto, alguns destes desafios foram resolvidos em 2014/2015. A Comissão, sob a administração do Professor Jega, assegurou o fornecimento adequado de DDCM durante o registo dos eleitores. No entanto, a impressão de PVCs constituiu um problema grave, uma vez que algumas alas e unidades de voto não puderam ter os seus PVCs impressos antes da realização das eleições gerais de 2015.

A utilização do leitor de cartões inteligentes foi outra tecnologia inovadora introduzida nas eleições gerais de 2015. O leitor de cartões foi concebido para acelerar e garantir a integridade do processo de acreditação. O leitor de cartões inteligentes é um dispositivo tecnológico criado para autenticar e verificar o cartão de eleitor permanente (PVC) emitido pelo INEC, em comparação com o cartão clonado.

Durante as eleições, alguns dos leitores de cartões não puderam funcionar corretamente devido ao mau manuseamento por parte do pessoal ad hoc, à formação inadequada e ao número insuficiente de pessoal técnico. Além disso, o nível de sensibilização dos eleitores para a utilização dos leitores de cartões não foi suficiente. Esperava-se que o pessoal técnico estivesse em cada secção ou zona de registo para resolver os problemas. Tal não se verificou em todas as circunscrições porque o seu número não era suficiente. No entanto, provou-se que os leitores de cartões tiveram mais de 50% de sucesso em quinze estados durante as eleições de 2015. É de notar que a taxa de insucesso do leitor de cartões inteligentes foi mais elevada no Norte do que no Sul. Isto pode dever-se a factores sociais e ambientais.

Seguem-se os resultados da taxa de sucesso/fracasso da SCR durante as eleições simuladas e as eleições para o Governo e para a Assembleia da República em 2015, respetivamente.

Quadro 1: Teste do leitor de cartões inteligentes - Projeto de quadro do relatório das eleições simuladas realizadas em 10 de março de 2015

S/N	Estado	% de sucesso	% de insucesso
1	Anambra	70.3	29.7
2.	Bauchi	59.5	40.5
3.	Delta	92.0	8.0
4.	Ebonyi	34	66
5.	Ekiti	67.4	32.6
6.	Kano	47.4	52.6
7.	Lagos	91.4	8.6
8.	Nasarawa	35.7	64.3
9.	Níger	35.7	64.3
10.	Rios	31.6	68.4
11.	Taraba	38.6	61.4
12.	Kebi	54.3	55.7

Fonte: Vanguard, 15 de março de 2015

Quadro 2: Análise da funcionalidade dos leitores de cartões inteligentes nas eleições

para o governo e para a assembleia estadual em 2015

S/N	Estado	% de sucesso	% de reprovação
1	Ekiti	50.0	50.0
2.	Anambra	51.5	48.5
3.	Rios	52.9	47.1
4.	Adamawa	54.0	46.0
5.	Benue	54.2	45.8
6.	Rio Branco	54.8	45.2
7.	Delta	56.0	44.0
8.	Kogi	59.4	40.6
9.	Ogun	59.4	40.6
10.	Ondo	59.7	40.3
11.	Abia	61.0	39.0
12.	Osun	63.7	36.3
13.	Edo	64.6	35.4
14.	Oyo	64.7	35.3
15	Lagos	78.9	21.1
16.	Kano	15.9	84.1
17.	Nasarawa	17.9	82.1
18.	Bayelsa	21.2	78.8
19.	Sokoto	21.9	78.1
20	Taraba	22.0	78.0

21	Zamfara	22.5	77.5
22.	Borno	24.1	75.9
23.	Kastina	27.3	72.7
24.	Yobe	27.4	72.6
25.	Kwara	29.6	70.4
26.	Jigawa	31.6	68.4
27.	Kebbi	31.7	68.3
28.	Akwaibom	33.9	66.1
29.	Bauchi	36.6	63.4
30.	Imo	38.9	61.1

Fonte: INEC, 2015

A apresentação de cartões de eleitor permanentes falsos foi outro constrangimento que não permitiu o bom funcionamento da tecnologia em alguns estados. Este facto tornou-se um sério desafio para os funcionários eleitorais. Além disso, a formação inadequada do pessoal preparatório para a utilização do leitor de cartões inteligentes culminou num mau manuseamento da máquina pelos funcionários eleitorais. Foram muitos os casos de antena partida, colocação incorrecta da bateria e remoção deliberada do cartão do módulo de acesso de segurança (SAM) em todo o país. Todos estes factores reduziram a taxa de sucesso da tecnologia.

As novas tecnologias requerem também uma soma colossal de dinheiro. A aquisição de equipamento como o DDCM e os leitores de cartões inteligentes é de capital intensivo. A aquisição de software também é dispendiosa, sobretudo quando não é desenvolvido pela Comissão. A maior parte dos DDCM utilizados durante o exercício de registo de 2010 já deviam ter sido substituídos, porque alguns deles estão obsoletos. De facto, a Comissão deveria ter adquirido outro conjunto de DDCM para o exercício proposto de registo contínuo dos eleitores em todo o país.

7.3 Teste de funcionamento da tecnologia proposta

Um dos principais problemas com que se confrontou a aplicação da maior parte das tecnologias adoptadas até à data pela Comissão foi a sua incapacidade de proceder a um teste "adequado" da tecnologia. Por exemplo, a utilização de leitores de cartões deveria ter sido testada nalgumas eleições intercalares/recorrentes antes das eleições gerais. Se esta medida tivesse sido levada a cabo eficazmente, a Comissão teria podido avaliar a adequação ou não da tecnologia. De igual modo, é de notar que a tecnologia na condução das eleições não é um fim mas um meio para atingir um fim, pelo que o ambiente político e socioeconómico em que uma nova tecnologia é aplicada determinará até que ponto essa tecnologia será bem sucedida.

7.4 Sensibilização inadequada para a nova tecnologia

As partes interessadas no contexto da tecnologia inovadora no processo eleitoral incluem, mas não se limitam a, políticos, eleitorados, organizações da sociedade civil, entre outros. Na gestão da tecnologia para a administração eleitoral, existem três quadros conceptuais envolvidos: Viabilidade técnica, variabilidade económica e aceitabilidade social. A aceitabilidade social é muito importante para não impor o que não é socialmente aceitável ao eleitorado. Omoleke (2010) referiu que a maioria dos eleitores na Nigéria preferia que o INEC utilizasse mais tecnologias na condução das eleições na Nigéria. Sugere-se, assim, que a máquina de votação eletrónica proposta para ser introduzida no futuro não só seja avaliada de acordo com o ambiente sociopolítico e económico em que nos encontramos, mas também que a aceitabilidade dessa tecnologia por várias partes interessadas seja reforçada através de esclarecimentos sobre as implicações da utilização da tecnologia.

7.5 Avaliação do quadro institucional

O departamento de TIC do INEC adquire, implementa e mantém as tecnologias existentes para as eleições. A partir dos registos, acredita-se que os departamentos de TIC estão bem equipados na sede e nos níveis estatais, mas tal não foi alargado ao Governo Local. O sucesso ou não da aplicação das TIC no processo eleitoral dependeria, em grande medida, da disponibilidade de departamentos e ferramentas de TIC ao nível do Governo Local. Isto deve-se ao facto de as eleições se realizarem nas Áreas da Administração Local através das unidades de votação. Estas infra-estruturas estão atualmente em falta nas LGAs.

7.6 Atitudes não cooperativas da classe política

É um adágio popular que diz que a única coisa que é permanente é a "mudança". Mas parece que a classe política na Nigéria não quer aceitar isto como um fenómeno necessário na reorganização das coisas. A digitalização do registo de eleitores em 2010 e o subsequente registo contínuo de eleitores quase foram frustrados por um conjunto de pessoas sem escrúpulos, na sua maioria bandidos políticos. Foram muitos os casos de duplo registo por deslocação de um local para outro, utilizando opções de registo especiais destinadas a pessoas com deficiências físicas. De igual modo, os leitores de cartões inteligentes foram deliberadamente colocados fora de serviço por este grupo de pessoas que não eram favoráveis à mudança.

7.7 Contextos sócio-culturais e religiosos

A Nigéria é um país multiétnico composto por cerca de duzentos e cinquenta (250) grupos étnicos (The World Factbook). Em resultado dos antecedentes culturais e dos princípios religiosos, alguns sectores do país tiveram dificuldade em submeter-se à biometria ou à recolha de fotografias. A Comissão teve de tomar medidas especiais para garantir que essas pessoas não fossem impedidas de se registar como eleitores e não fossem privadas do direito de voto durante as eleições. Estas e outras crenças culturais ou religiosas tornaram difícil para a Comissão utilizar eficazmente algumas das suas tecnologias.

7.8 Violação do direito de propriedade intelectual

É um lugar-comum na lei que quem quiser usufruir dos direitos de propriedade intelectual de outra pessoa deve pedir autorização para o fazer, caso contrário pode resultar numa violação desses direitos. A Comissão não é proprietária da maioria, se não de todas, as tecnologias em causa. A autorização para transferir a tecnologia (software e hardware) deve ser solicitada para evitar litígios. Por exemplo, em 2014, um Tribunal Superior Federal em Abuja ordenou à INEC que pagasse à Bedding Holdings Ltd, uma soma de dezassete (17) mil milhões de nairas pela utilização do seu direito de patente sobre caixas transparentes dobráveis sem aprovação. Além disso, a Comissão foi processada por utilizar uma máquina de captura direta de dados pertencente à Zinox e à Avante Technologies Development Ltd (Daily Tide, 29 de janeiro de 2014).

7.9 Barreira jurídica

A Lei Eleitoral de 2010 não prevê a utilização de leitores de cartões inteligentes, nem a utilização de máquinas de voto electrónicas (Secção 52(1)(b) da Lei Eleitoral de 2010), tal como alterada. Tem havido muitos debates e controvérsias jurídicas sobre se as leis existentes que regem a realização de eleições reconhecem a utilização do leitor de cartões. Alguns são da opinião de que o leitor de cartões inteligentes está previsto nas diretrizes do manual eleitoral de 2015 e, uma vez que faz parte dos instrumentos jurídicos utilizados na realização das eleições gerais de 2015, a Comissão não violou qualquer lei relativa à utilização do SCR.

O proponente do SCR argumentou que o INEC, ao abrigo da Secção 160 da Constituição de 1999 (tal como alterada), tem poderes para elaborar os seus próprios regulamentos em função da situação. Por conseguinte, a decisão do INEC de utilizar o SCR era correta. No entanto, no caso *INEC v. Nyesom Wike* (2016) All FWLR pt. 836, o Supremo Tribunal decidiu que "a legislação vigente da Federação prevê a utilização dos cadernos eleitorais, mas o leitor de cartões, independentemente da sua importância, não tem lugar em nenhuma lei vigente do país. O Supremo Tribunal elogiou o INEC por ter introduzido o leitor de cartões, mas afirmou que o Tribunal de Julgamento e o Tribunal de Recurso Inferior não tinham adotado qualquer decisão sobre o leitor de cartões.

O Tribunal foi erradamente influenciado pelas diretrizes do INEC. Por conseguinte, a validação do processo de votação através da utilização dos cadernos eleitorais tem, por enquanto, precedência sobre qualquer outro processo. Recorde-se que o n.º 1 do artigo 9.º da Lei Eleitoral confere à Comissão o poder de compilar, manter e atualizar de forma contínua um registo nacional de eleitores... que deve ser utilizado para votar em qualquer eleição federal, estatal, autárquica ou de conselho de zona.

Por conseguinte, apesar da previsão da utilização do leitor de cartões nas diretrizes do INEC, na secção 8 (b) das diretrizes e regulamentos aprovados para a realização das eleições gerais de 2015, que pode ser considerada uma lei subordinada, o leitor de cartões não pode ser utilizado para determinar a credibilidade das eleições, porque não existe uma disposição expressa dessa lei na Lei Eleitoral que autorize a utilização do SCR na realização das eleições.

Pessoalmente, na minha opinião, penso que o Supremo Tribunal baseou a sua decisão na superioridade do Ato da Assembleia Nacional em relação à lei subordinada, em que é dada preferência a uma lei superior em relação à lei subordinada, sempre que existe um conflito entre as duas. Isto está enraizado na disposição da Constituição de 1999, tal como alterada. A Secção 1 (3) diz: "Se qualquer outra lei for inconsistente com a disposição da constituição, a constituição prevalecerá, e essa outra lei será, na medida da inconsistência, nula". Utilizando este argumento, verifica-se que a Lei Eleitoral de 2010, tal como alterada, é superior às diretrizes do INEC e, uma vez que a Lei Eleitoral não prevê a utilização da SCR na condução das eleições, isso significa que as diretrizes são inconsistentes com as disposições da Lei Eleitoral e, por conseguinte, nulas e sem efeito, na medida da sua inconsistência.

7.10 Fonte de alimentação

Este é um grande desafio, uma vez que a maioria das zonas rurais do país ainda não está electrificada. No entanto, isto não deve constituir um obstáculo sério, uma vez que a utilização de geradores e baterias pode ser incentivada.

8 Investigação empírica e resultados

O autor deste trabalho aplicou um questionário a trinta (30) funcionários das TIC da comissão, selecionados propositadamente, nos Estados de Osun, Oyo e Ekiti. Além disso, foi realizado um grupo de discussão com líderes partidários e mulheres do mercado selecionados aleatoriamente. No Estado de Ekiti, por exemplo, 90% dos inquiridos eram da opinião de que a utilização de tecnologias modernas pode ajudar na realização de eleições na Nigéria. Os inquiridos de Oyo e Osun também têm a mesma opinião. Além disso, cerca de 94,5% dos inquiridos dos estados acima mencionados identificaram tecnologias como OMR, máquina de captura direta de dados, leitor de cartões inteligentes, sistema informático para a colação eletrónica como as principais tecnologias utilizadas entre 2002 e 2015.

Da mesma forma, mais de 90% dos inquiridos dos estados selecionados foram da opinião de que os principais desafios das tecnologias incluem, mas não se limitam a, questões de rede, formação inadequada, testes de campo inadequados, fundos insuficientes, não aceitação das tecnologias pelos eleitores, falta de vontade política, comportamento de bandidos políticos, falha do sistema, falta de mão de obra, riscos ambientais, problemas culturais, mentalidade das pessoas, abordagem de manutenção deficiente, quadro jurídico deficiente e uma série de outros. Os inquiridos sugeriram também a formação adequada do pessoal, o planeamento da modernização, o esclarecimento do eleitorado, a adjudicação de contratos a empresas adequadas para o fornecimento de sistemas, um ambiente favorável ao sistema, entre outros.

9   Conclusão

O documento concluiu que a tecnologia é um instrumento importante que pode ajudar o organismo de gestão eleitoral a alcançar a sua visão e missão.

Além disso, as tecnologias em questão, por muito boas que sejam, são vulneráveis a certos desafios no domínio da aquisição e da implantação. Tal como confirmado na análise da literatura e na investigação empírica, estes desafios têm vindo a prejudicar a funcionalidade correta das tecnologias

Além disso, é um facto estabelecido que a tecnologia não é um fim, é um meio para atingir um fim. A mentalidade das partes interessadas, que são os utilizadores das tecnologias, desempenha um papel importante para garantir a sua eficácia e eficiência. Por último, o ambiente socioeconómico e político em que o organismo de gestão das eleições funciona é muito importante.

10 Recomendações

Para que a comissão possa ultrapassar os principais desafios da aquisição e utilização de tecnologias para as actividades eleitorais na Nigéria, recomenda-se o seguinte

(i)   A fim de garantir uma utilização eficaz das tecnologias, devem ser envidados esforços para educar as partes interessadas no processo eleitoral sobre as tecnologias existentes e as propostas, incluindo a tecnologia de votação eletrónica. Para o efeito, a utilização do corpo

A nomeação dos membros do INEC como Embaixadores do INEC, inaugurada pela Comissão a 27 de junho de 2016, em todo o país, foi altamente louvável. A Agência Nacional de Orientação (NOA) também poderia desempenhar um papel melhor na divulgação de ideias e questões sobre eleições e tecnologia.

(ii)   A avaliação tecnológica pressupõe que a nova inovação deve ser avaliada através de um ensaio da tecnologia em causa. Este teste deve ser efectuado em maior escala, por exemplo, em eleições intercalares ou repetidas antes das eleições gerais.

(iii) A aceitabilidade social da tecnologia a ser introduzida é fundamental na gestão da tecnologia. Por conseguinte, o Instituto Eleitoral, que tem a responsabilidade de efetuar investigações, deve investigar o nível de aceitabilidade social das tecnologias, nomeadamente das tecnologias propostas, a fim de garantir uma aplicação eficaz.

(iv)   O atual parque de máquinas de captura direta de dados existente na Comissão deve ser substituído no interesse da eficiência e da eficácia do registo contínuo de eleitores proposto a nível nacional.

(v)   A descentralização do fornecimento de consumíveis melhorará, em grande medida, o resultado global da realização da CVR.

(vi) É necessária uma formação adequada do pessoal permanente e ad hoc para o manuseamento correto do equipamento de registo de eleitores, acreditação e outras tecnologias destinadas à comparação e transmissão de resultados. De facto, o INEC deve investir na formação e no desenvolvimento regulares do pessoal, a fim de estar em sintonia com as mudanças tecnológicas modernas que estão a ocupar rapidamente o panorama democrático e o processo eleitoral.

(vii) A introdução do PVC é uma boa inovação tecnológica no processo eleitoral, no entanto, a impressão dos cartões deve ser descentralizada de modo a que cada zona geopolítica tenha um centro de produção. Isto evitará atrasos desnecessários na impressão e na disponibilização dos cartões para distribuição.

(viii) A fim de assegurar uma utilização eficaz, deve ser destacado para cada zona de recenseamento pessoal técnico bem formado e em número suficiente durante o recenseamento dos eleitores ou as eleições. Os membros do Corpo de Jovens poderiam ser especialmente formados para esta tarefa.

(ix) A inovação tecnológica é um processo de capital intensivo, pelo que a Comissão não deve hesitar em solicitar ao Governo os fundos necessários para a execução do projeto. O Governo, por seu lado, deve disponibilizar fundos suficientes para a aquisição do equipamento necessário.

(x) A estratégia de manutenção tecnológica é crucial para a implantação efectiva da tecnologia. São recomendadas estratégias de manutenção preventiva, corretiva/avaria e preditiva para as tecnologias existentes e propostas.

(xi)   O departamento de TIC deve ser alargado às Áreas Governamentais Locais. Deveria ser reforçado a nível das LGA, uma vez que as actividades eleitorais se realizam efetivamente a esse nível. O seu reforço a este nível permitirá à Comissão ligar as LGAs ao Estado e à rede da sede.

(xii) Para além do esclarecimento geral sobre as tecnologias existentes e novas,

a classe política, enquanto principais interessados, deve ser devidamente informada sempre que se pretenda introduzir uma nova tecnologia.

(xiii) O trabalho de investigação sobre o impacto das novas tecnologias no processo eleitoral na Nigéria deve ser encorajado e levado a cabo pelo instituto eleitoral. Existem várias lacunas de conhecimento a preencher sobre a tecnologia e o processo eleitoral em África. Este tipo de trabalho de investigação é robusto nos países desenvolvidos.

(xiv) No âmbito das acções de esclarecimento, os funcionários do INEC devem visitar as igrejas, mesquitas e centros comunitários para divulgar informações sobre as novas tecnologias.

(xv)   Os instrumentos legais relevantes para a realização de eleições devem ser alterados de modo a acomodar a utilização de tecnologias nas eleições. A Assembleia Nacional deve ser levada a fazê-lo.

(xvi) A criação de uma comissão de infracções eleitorais, tal como recomendado pelo painel de inquérito Uwais em 2008, deve ser implementada. A INEC não tem poderes para prender, deter e processar os infractores ao abrigo da nossa legislação.

(xvii)O organismo de gestão eleitoral e os profissionais democráticos devem começar a adquirir conhecimentos contextuais sobre as novas tecnologias que estão a ser propostas. Isto porque os processos envolvidos são muitos e não devem ser tomados como garantidos.

(xviii)   O departamento jurídico deve assegurar que, no futuro, seja seguido o devido processo aquando da aquisição de qualquer tecnologia. O objetivo é poupar a Comissão de qualquer embaraço jurídico, como aconteceu no passado.

(xix) As tecnologias EOSC, e-trac, ERMT e e-collation devem ser bem financiadas e dotadas de recursos humanos. Os fornecedores de redes devem ser informados para alargarem os seus serviços às zonas rurais.

11 Referências

Projeto ACE (n.d.) Elections and Technology. Disponível em http://aceproject.org/ace-en/topics/et/et/01. Acedido em 16 de junho de 2016.

Adebowale, S. (2014): O voto da diáspora não é viável em 2015 - INEC. Retirado de http://theagleonline.com.ng/diaspora-voting-feasible-2015.inec/

Alvarez R.M & Hall T.E. (2008). "Electronic Election. The Perils and Promises of Digital Democracy" Princeton, NJ: Princeton University.

Ann, B, e Groftuman, G. (1954). "*Choosing Appropriate Technology*": Nova Iorque. Yale University Press.

Aturu, B. (2000) "Rigging and Electoral Fraud in Nigeria: State of the Art" In Kroeyr, K.L. (2010). Terceira década de "Engineering the Web". Association for Computing Machinery, 53(3): 16 - 18.

Birch, A.H. (1993): The Concepts and Theories of Modern Democracy. London: Routledge.

Borgmann, A. (2006). A tecnologia como força cultural. *The Canadian Journal of Sociology.* 31(3), 351 - 360.

Borgmann, A. (2006): A tecnologia como uma força cultural. *The Canadian Journal of Sociology.* 31(3): 351 - 360.

Brown, D. (2005) "Electronic Government and Public Administration". International Review of Administrative Sciences, Brookfeld, VT, EUA.

Comer, D. e Gauglas, E. (2009): *redes de computadores*. Reino Unido Prentice Hall.

Daily Tide 29 de janeiro de 2014.

Drucker, P. (1970). *Democracy*. Londres. B.T. Batsford Publishers.

Erick, F. (20010. "Voting Technology in the United State": Overview and Issues for Congress. Nova York. *Relatório CRS*. RL 30773, 21 de março de 2001.

Frazier, M. e Bailay, G.D. (2004).*The Technology Coordinator Handbook*. REINO UNIDO. Eugene Publisher.

Garba, D.S. (2005): "Transition Without Change: The 2003 Elections and Political Stability in Nigeria". Em Godwin Onu e Abubakar Momoh (eds.) *Elections Democratic Consolidation in Nigeria, Lagos: A-Triad Association*.

Garta, D.S. (2005) "Transition without Charge: The 2003 Elections and Political Stability in Nigeria". Em Godwin Onu e Abubakar Mowoh (eds) Elections Democratic. Consolidation in Nigeria, Lagos: A - Trend Associated.

Grubler, A. (2004): *Technology and Global Change*. Reino Unido. Cambridge University Press.

Heathcote, P.M. (2002): *'A' Level Computing*. Malta. The Gultenberg Press Ltd.

Ilori, M. (2006): "Da Ciência à Tecnologia e Gestão da Inovação". Sendo uma Palestra Inaugural na Universidade Obafemi Awolowo, Ile-Ife, O.A.U. Press.

Jega, A. (2013) Challenges of Fraud-Free Elections under a Democratic Dispensation. Um documento apresentado na palestra pública da Fundação Mustapha Akanbi. Ilorin, 12 de março.

Jega, A.M. & Hillier, M.M (2012). Melhorar as eleições na Nigéria: Lessons from 2011 and Looking to 2015. Resumo da Reunião do Programa África, pp. 1 - 12. Obtido em http://www.chathamhouse.org/sites/files/chathamhouse/public/Research/Africa/040 712summary.pdf

Kumer, N. (2008). "Use of ICTs for Voting Process: The Indian Experience", em S.J. Krisna J.N. Kumar (Eds). *E-voting: Perspectives and Experiences* pp. 121 - 135. Hyderabad, Índia: The Iafai University Press.

Kurfi (2005) "Eleições gerais nigerianas de 1959, 2003: My Roles and Reinsurance". Abuja Spectrum Books, Abuja.

LeVan, C., & Ukata, P. (2012). Countries at the Crossroads 2012: Nigéria. Recuperado de http://www.freedomhouse.org/sites/defeault/files/Nigeria%20-%20FINAL.pdf

Maiye, A., & McGrath, K. (2008): Examining Institutional Interventions: The Case of Electronic Voters' Registration in Nigeria in A.O. Bada & P. Musa (Eds.) IFIP WG 9.4: *Towards an ICT Research Agenda for African Development 72 - 93.* Birmingham, EUA: Universidade do Alabama. Recuperar de

http://researchspace.csir.co.za/dspace/bitstream/10204/2501/1/Phahlamohlaka 2008 .pdf#page=72

Michael, A. et al (2015) ICT and Electoral Management: The need for Forensic Investigation in Electoral Process in Nigeria (A necessidade de investigação forense no processo eleitoral na Nigéria). Trabalho apresentado no Departamento de Ciência Política e Administração Pública, Universidade de Backcork, Ilesan Remo.

Noah, Yusuf (2006) "The Democratisation process and Industrial Relations Practice" In Hassan, Saliu, Ebele, Amali, Joseph, Fayeye e Emmanuele Oriola (eds.). Democracy in Nigeria Vol. 3, Social Issues and Extended Relations. Lagos: concepts Publications Limited.

Nwabueze, B. (20030. "Nature and Forms of Election Rigging in Nigeria" - *The Guardian* (Lagos) 8 de maio de 2003.

Oche, O. (2004) "Democracy; concetual and Theoretical Issue" in Saliu, H.A. (eds.) Nigeria Under Democratic Rule 1999 - 2003, Vol. 1. University Press PLC Ibadan.

Omoleke, I.I., Olaiya, T.A. (2013): "Questões jurídicas e de governação na administração do Estado da Nigéria" Ile-Ife, Obafemi Awolowo University Press Ltd.

Omoleke, M. (2010). Um estudo sobre a aplicação de tecnologias na gestão do processo eleitoral na Nigéria. Tese de doutoramento apresentada ao Instituto Africano de Política Científica e Inovação (AISPI), O.A.U., Ile-Ife.

Omoleke, M. (2012). A utilização de tecnologias para a administração eleitoral na Nigéria desde a independência: 1960 - 2011 - Documento aceite para publicação pela Academia Mundial de Ciências, Engenharia e Tecnologia, Zurique, Suíça

Peter, S. e Stephen, J. (1997). "Uma análise da tecnologia utilizada e da prestação eletrónica de serviços governamentais no Kentucky". Apresentação de um artigo no Kentucky http√Zwww. kltprc.net/books/circuit

Sabo Ahmad, *et al.* (2015). Issues and Challenges of Transition to E-Voting Technology in Nigeria in *Journal of Public Policy and Administration Research,* Vol. 5, No 4, 2015.

A Lei Eleitoral de 2010, tal como alterada.

Constituição da República Federal da Nigéria de 1999. Secção 1(3).

Printed by Books on Demand GmbH, Norderstedt / Germany